17870

THÈSES

D'ANALYSE ET DE MÉCANIQUE

présentées

A LA FACULTÉ DES SCIENCES DE PARIS

Par M. H. VIGUIER.

PARIS,

IMPRIMERIE DE BACHELIER,

Rue du Jardinet, 12.

1845

ACADÉMIE DE PARIS.

FACULTÉ DES SCIENCES.

MM. DUMAS, doyen,
BIOT,
FRANCOEUR,
MIRBEL,
PONCELET,
POUILLET,
LIBRI,
STURM,
DELAFOSSE,
LEFÉBURE DE FOURCY,
DE BLAINVILLE,
CONSTANT PREVOST,
AUGUSTE SAINT-HILAIRE,
DESPRETZ,
BALARD,
MILNE EDWARDS.

} *Professeurs.*

DUHAMEL,
VIEILLE,
MASSON,
PELIGOT,
DE JUSSIEU,
BERTRAND,

} *agrégés.*

THÈSE D'ANALYSE.

EXTENSION

DES

PRINCIPALES FORMULES DE LA DYNAMIQUE

A des Équations différentielles d'ordre supérieur au second.

I.

Φ étant une fonction quelconque de x, y, z, dx, dy,..., d^2x, d^2y,....
qui devient fonction de ξ, ψ,..., $d\xi$, $d^2\xi$,... par la substitution de nouvelles variables, on démontre la relation

$$\left(\frac{\delta\Phi}{\delta x} - d\frac{\delta\Phi}{\delta\,dx} + d^2\frac{\delta\Phi}{\delta\,d^2x}\cdots\right)\delta x + \left(\frac{\delta\Phi}{\delta y} - d\frac{\delta\Phi}{\delta\,dy}\cdots\right)\delta y$$

$$+ \left(\cdots\right)\delta z = \left(\frac{\delta\Phi}{\delta\xi} - d\frac{\delta\Phi}{\delta\,d\xi} + d^2\frac{\delta\Phi}{\delta\,d^2\xi}\cdots\right)\delta\xi + \left(\cdots\right)\delta\psi+\cdots$$

Par suite, si l'on voulait exprimer le premier membre de cette iden-
tité donné en x, y,..., dx,..., d^2x,..., en fonction de ξ, ψ,..., $d\xi$,...,
il suffirait, après avoir formé Φ au moyen de ces variables, de cher-
cher les termes $\frac{d\Phi}{d\xi}$, $d\frac{\delta\Phi}{\delta\,d\xi}$,..., et de constituer le second membre.

Par conséquent, quelles que soient les liaisons des nouvelles variables avec les anciennes, le second membre donnera, sous cette forme,
la valeur du premier en fonction des nouvelles.

Dans la dynamique, en supposant

$$\Phi = \tfrac{1}{2}(dx^2 + dy^2 + dz^2),$$

on arrive à la transformation de l'équation du mouvement résultant de la combinaison du principe des vitesses virtuelles avec celui de d'Alembert, et profitant de l'indépendance des variations $\partial \xi$, $\partial \psi$, ..., on obtient les équations de la forme

$$\frac{d\Phi}{d\xi} - \frac{d}{dt}\frac{d\Phi}{d\xi'} = \frac{dV}{d\xi} + \lambda \frac{dL}{d\xi} + \cdots,$$

et cela indépendamment des liaisons des nouvelles variables avec les anciennes. Mais, d'après ce qui vient d'être dit, la forme de ces équations, en supposant Φ fonction quelconque des variables et des différentielles du premier ordre, serait aussi indépendante des liaisons qu'il pourrait y avoir entre les deux systèmes de variables ; par conséquent, les résultats auxquels la combinaison de ces équations peut conduire appartiennent aussi à ce dernier cas, qu'on peut considérer comme renfermant, avec une grande généralité, celui de la mécanique. C'est la considération de ce cas général qui fait l'objet du Mémoire de M. Binet (*Journal de l'École Polytechnique*, 28e cahier), où la marche est toutefois différente de celle renfermée dans la remarque que je viens de faire.

En donnant suite à la même observation, on peut obtenir des formules analogues où la fonction Φ peut être censée renfermer les variables et les différentielles de tous les ordres d'une manière quelconque; c'est à ce degré de généralité que je me propose d'arriver par la considération de m équations de la forme suivante :

$$(A) \quad \frac{d\Phi}{d\xi} - \frac{d}{dt}\frac{d\Phi}{d\xi'} + \frac{d^2}{dt^2}\frac{d\Phi}{d\xi''} + \cdots + \frac{d^{2k}}{dt^{2k}}\frac{d\Phi}{d\xi^{2k}} \cdots = \frac{dV}{d\xi} + \lambda \frac{dL}{d\xi} + \cdots$$

En supposant nulles les différentielles des ordres supérieurs au premier, on devra retrouver les formules de M. Binet, qui devront, à leur tour, donner celles de la dynamique par l'hypothèse de

$$\Phi = \tfrac{1}{2}(dx^2 + dy^2 + dz^2).$$

Je m'en servirai comme moyen de vérification. Dans l'un des principaux résultats, le beau théorème de M. Hamilton se trouvera étendu à des équations différentielles d'ordre supérieur, avec un degré de généralité autre que celui qui résulte, au premier abord, de la considération des équations différentielles du second ordre.

II.

Dans les équations (A) que je vais considérer, Φ aura donc la généralité indiquée ci-dessus, V ne renfermera que les variables sans leurs dérivées, et les autres termes pourront être censés provenir d'autant d'équations $L = o$, $M = o,\dots$ Posons, en conservant les notations de Lagrange, $Z = \Phi + V$, afin de nous débarrasser du terme en V du second membre; l'équation (A) devient

$$\frac{dZ}{d\xi} - \frac{d}{dt}\frac{dZ}{d\xi'} + \frac{d^2}{dt^2}\frac{dZ}{d\xi''} - \dots + \frac{d^{2k}}{dt^{2k}}\frac{dZ}{d\xi^{2k}}\dots = \lambda\frac{dL}{d\xi} + \dots$$

De même, pour les autres variables φ, $\psi,\dots$, t est la variable indépendante.

Ajoutons ces dernières équations, après les avoir multipliées respectivement par $\partial\xi$, $\partial\psi,\dots$, il vient

$$\sum \partial\xi \left(\frac{dZ}{d\xi} - \frac{d}{dt}\frac{dZ}{d\xi'} + \frac{d^2}{dt^2}\frac{dZ}{d\xi''} - \dots + \frac{d^{2k}}{dt^{2k}}\frac{dZ}{d\xi^{2k}}\dots\right) = o,$$

ou bien

$$(2) \qquad \sum \left(\partial\xi\frac{d}{dt}\frac{dZ}{d\xi'} - \partial\xi\frac{d^2}{dt^2}\frac{dZ}{d\xi''} + \dots - \frac{d^{2k}}{dt^{2k}}\frac{dZ}{d\xi^{2k}}\partial\xi\dots\right) = \sum\frac{dZ}{d\xi}\partial\xi.$$

A cause de l'indétermination des variations $\partial\xi$, $\partial\psi$, cette équation pourra remplacer le système proposé, en la joignant toujours aux équations $L = o,\dots$, destinées alors à diminuer le nombre des indéterminées $\partial\xi$, $\partial\psi,\dots$ par les relations $\partial L = o$, qu'elles établissent entre elles. Nous allons la transformer; on a

$$\frac{d}{dt}\frac{dZ}{d\xi'}\partial\xi = \partial\xi\frac{d}{dt}\frac{dZ}{d\xi'} + \frac{dZ}{d\xi'}\partial\xi';$$

d'où l'on déduit, pour le premier terme,

$$\partial\xi\frac{d}{dt}\frac{dZ}{d\xi'} = \frac{d}{dt}\frac{dZ}{d\xi'}\partial\xi - \frac{dZ}{d\xi'}\partial\xi'.$$

De même, pour obtenir la transformation du second, on a

$$\frac{d}{dt}\frac{dZ}{d\xi''}\,\delta\xi = \delta\xi\,\frac{d}{dt}\frac{dZ}{d\xi''} + \frac{dZ}{d\xi''}\,\delta\xi';$$

d'où

$$\frac{d^2}{dt^2}\frac{dZ}{d\xi''}\,\delta\xi = \delta\xi\,\frac{d^2}{dt^2}\frac{dZ}{d\xi''} + 2\delta\xi'\,\frac{d}{dt}\frac{dZ}{d\xi''} + \delta\xi''\,\frac{dZ}{d\xi''},$$

et l'on en déduit, à cause de

$$\frac{d}{dt}\,\delta\xi'\,\frac{dZ}{d\xi''} = \frac{dZ}{d\xi''}\,\delta\xi'' + \delta\xi'\,\frac{d}{dt}\frac{dZ}{d\xi''},$$

$$2\delta\xi'\,\frac{d}{dt}\frac{dZ}{d\xi''} = 2\,\frac{d}{dt}\,\delta\xi'\,\frac{dZ}{d\xi''} - 2\,\frac{dZ}{d\xi''}\,\delta\xi'',$$

la valeur du second terme

$$-\delta\xi\,\frac{d^2}{dt^2}\frac{dZ}{d\xi''} = -\frac{d^2}{dt^2}\frac{dZ}{d\xi''}\,\delta\xi - \delta\xi''\,\frac{dZ}{d\xi''} + 2\,\frac{d}{dt}\,\delta\xi'\,\frac{dZ}{d\xi''}.$$

D'après la loi connue de la différentielle d'' d'un produit, on pourrait obtenir le terme général $\frac{d^{2k}}{dt^{2k}}\frac{dZ}{d\xi^{2k}}\,\delta\xi$; pour abréger, je ne l'écrirai pas. En substituant dans l'équation (α), elle devient

$$\sum\left(\frac{d}{dt}\frac{dZ}{d\xi'}\delta\xi - \frac{dZ}{d\xi'}\delta\xi' - \frac{d^2}{dt^2}\frac{dZ}{d\xi''}\delta\xi - \delta\xi''\frac{dZ}{d\xi''} + 2\,\frac{d}{dt}\,\delta\xi'\,\frac{dZ}{d\xi''}\cdots\right) = \sum\frac{dZ}{d\xi}\,\delta\xi;$$

ou bien, en transposant,

$$\sum\left(\frac{d}{dt}\frac{dZ}{d\xi'}\,\delta\xi - \frac{d^2}{dt^2}\frac{dZ}{d\xi''}\,\delta\xi + 2\,\frac{d}{dt}\,\delta\xi'\,\frac{dZ}{d\xi''}\cdots\right)$$

$$= \sum\left(\frac{dZ}{d\xi}\,\delta\xi + \frac{dZ}{d\xi'}\,\delta\xi' + \frac{dZ}{d\xi''}\,\delta\xi''\cdots\right).$$

Le premier membre se trouve sous cette forme être une dérivée exacte, et le second une variation complète; de sorte qu'on peut écrire

$$(\beta)\qquad \sum\frac{d}{dt}\left(\frac{dZ}{d\xi'}\,\delta\xi - \frac{d}{dt}\frac{dZ}{d\xi''}\,\delta\xi + 2\,\frac{dZ}{d\xi''}\,\delta\xi''\cdots\right) = \delta Z.$$

C'est l'équation transformée dont je vais me servir. Dans le cas où Z ne contient pas les dérivées supérieures aux premières, elle se réduit à celle considérée par M. Binet :

$$\sum \frac{d}{dt} \frac{dZ}{d\xi'} \, \delta\xi = \delta Z.$$

III.

En supposant que la fonction Z et les équations $L = o,...,$ ne contiennent pas la variable t, le δ peut être remplacé par d dans l'équation (β), et elle donne alors, en intégrant,

$$(\gamma) \qquad \sum \left(\frac{dZ}{d\xi'} \frac{d\xi}{dt} - \frac{d}{dt} \frac{dZ}{d\xi''} \frac{d\xi}{dt} - 2 \frac{dZ}{d\xi''} \frac{d\xi'}{dt} \cdots \right) = Z + C.$$

Cette équation répond à l'intégrale des forces vives de la dynamique, et l'on devra obtenir celle-ci, d'après ce qu'on a vu § I, en posant

$$Z = T + V;$$

T désignant une fonction homogène du second degré en ξ', $\psi'...$, et V ne contenant pas ces dérivées, on aura

$$\sum \frac{dZ}{d\xi'} \, \xi' = \sum \xi' \, \frac{dT}{d\xi'} = 2T;$$

et l'équation (γ), qui se réduit dans ce cas, d'abord à

$$\sum \frac{dZ}{d\xi'} \, \frac{d\xi}{dt} = Z + C,$$

les dérivées ξ'', ξ''',... n'entrant pas dans Z, donne, dans le cas actuel,

$$2T = T + V + C,$$

ou

$$T = V + C,$$

intégrale des forces vives.

Soit Δ le signe d'une variation différente de celle désignée par δ, de sorte qu'elles satisfassent à la condition $\Delta\delta = \delta\Delta$; l'équation (β), différentiée par Δ, donne

$$\sum \frac{d\Delta}{dt}\left(\frac{dZ}{d\xi'}\,\delta\xi - \frac{d}{dt}\frac{dZ}{d\xi''}\,\delta\xi - 2\,\frac{dZ}{d\xi''}\,\delta\xi'\ldots\right) = \Delta\delta Z.$$

Changeant l'ordre des caractéristiques Δ, δ, et retranchant ce second résultat du premier, il vient

$$\left.\begin{aligned}&\sum\frac{d\Delta}{dt}\left(\frac{dZ}{d\xi'}\,\delta\xi - \frac{d}{dt}\frac{dZ}{d\xi''}\,\delta\xi - 2\,\frac{dZ}{d\xi''}\,\delta\xi'\ldots\right)\\ -\;&\sum\frac{d\delta}{dt}\left(\frac{dZ}{d\xi'}\,\Delta\xi - \frac{d}{dt}\frac{dZ}{d\xi''}\,\Delta\xi - 2\,\frac{dZ}{d\xi''}\,\Delta\xi'\ldots\right)\end{aligned}\right\}=0.$$

Intégrant, on a

$$(\delta)\qquad\left.\begin{aligned}&\sum\Delta\left(\frac{dZ}{d\xi'}\,\delta\xi - \frac{d}{dt}\frac{dZ}{d\xi''}\,\delta\xi - 2\,\frac{dZ}{d\xi''}\,\delta\xi'\ldots\right)\\ -\;&\sum\delta\left(\frac{dZ}{d\xi'}\,\Delta\xi - \frac{d}{dt}\frac{dZ}{d\xi''}\,\Delta\xi - 2\,\frac{dZ}{d\xi''}\,\Delta\xi'\ldots\right)\end{aligned}\right\}=\text{const.}$$

Cette équation renferme, toujours avec la même généralité, le théorème si important de Lagrange, qui est, en dynamique, la base de la théorie de la variation des constantes arbitraires; en faisant l'hypothèse indiquée plus haut, on trouve, en effet, l'équation

$$\sum\Delta\left(\frac{dT}{d\xi'}\delta\xi\right) - \sum\delta\left(\frac{dT}{d\xi'}\,\Delta\xi\right)=\text{const.},$$

qui est celle du théorème mentionné.

L'équation (β) donne, en intégrant entre les limites o et t,

$$(\varepsilon)\qquad\left.\begin{aligned}&\sum\left(\frac{dZ}{d\xi'}\,\delta\xi - \frac{d}{dt}\frac{dZ}{d\xi''}\,\delta\xi + 2\,\frac{dZ}{d\xi''}\,\delta\xi'\ldots\right)\\ -\;&\sum\left(\frac{dZ}{d\xi_0'}\,\delta\xi_0 - \frac{d}{dt}\frac{dZ}{d\xi_0''}\,\delta\xi_0 + 2\,\frac{dZ}{d\xi_0''}\,\delta\xi_0'\ldots\right)\end{aligned}\right\}=\int_0^t\delta Z\,dt = \delta\int_0^t Z\,dt.$$

Cette équation répond à celle qui donne, en dynamique, le principe de la moindre action. On a en effet, dans ce cas, à cause de $Z = T + V$,

$$\sum\left(\frac{dT}{d\xi'}\,\delta\xi\right)-\sum\left(\frac{dT}{d\xi_0'}\,\delta\xi_0\right) = \delta\int_0^t Z\,dt.$$

Or, le principe des forces vives a donné

$$T = V + C,$$

d'où

$$\delta T = \delta V;$$

de plus

$$\delta Z = \delta T + \delta V;$$

par suite

$$\delta Z = 2\delta T,$$

et l'équation précédente devient

$$\sum \left(\frac{dT}{d\xi'}\,\delta\xi\right) - \sum \left(\frac{dT}{d\xi'_0}\,\delta\xi_0\right) = 2\delta \int_0^t T\,dt.$$

C'est l'équation de la moindre action.

L'équation (ε), différentiée par δ, donne

$$\left.\begin{aligned}
\sum \Delta\left(\frac{dZ}{d\xi'}\,\delta\xi - \frac{d}{dt}\frac{dZ}{d\xi''}\,\delta\xi + 2\frac{dZ}{d\xi''}\,\delta\xi'\ldots\right)\\
-\sum \Delta\left(\frac{dZ}{d\xi''_0}\,\delta\xi_0 - \frac{d}{dt}\frac{dZ}{d\xi''_0}\,\delta\xi_0 + 2\frac{dZ}{d\xi'_0}\,\delta\xi'_0\ldots\right)
\end{aligned}\right\} = \Delta\delta \int_0^t Z\,dt.$$

Changeant l'ordre des caractéristiques et retranchant ces deux expressions l'une de l'autre, il vient

$$\left.\begin{aligned}
\Delta\sum\left(\frac{dZ}{d\xi'}\,\delta\xi - \frac{d}{dt}\frac{dZ}{d\xi''}\,\delta\xi + 2\frac{dZ}{d\xi''}\,\delta\xi'\ldots\right)\\
-\delta\sum\left(\frac{dZ}{d\xi'}\,\Delta\xi - \frac{d}{dt}\frac{dZ}{d\xi''}\,\Delta\xi + 2\frac{dZ}{d\xi''}\,\Delta\xi'\ldots\right)
\end{aligned}\right\} =$$

$$= \left\{\begin{aligned}
\Delta\sum\left(\frac{dZ}{d\xi'_0}\,\delta\xi_0 - \frac{d}{dt}\frac{dZ}{d\xi''_0}\,\delta\xi_0 + 2\frac{dZ}{d\xi''_0}\,\delta\xi'_0\ldots\right)\\
-\delta\sum\left(\frac{dZ}{d\xi'_0}\,\Delta\xi_0 - \frac{d}{dt}\frac{dZ}{d\xi''_0}\,\Delta\xi''_0 + 2\frac{dZ}{d\xi''_0}\,\Delta\xi'_0\ldots\right)
\end{aligned}\right\} = \text{const.};$$

et l'on retrouve ainsi le théorème fondamental de la méthode de la variation des constantes arbitraires.

IV.

Il va nous être utile, un peu plus bas, de savoir suivant quelle loi se forme l'équation (β), à mesure qu'on suppose dans la fonction Z des dérivées d'ordre de plus en plus élevé des variables ξ, $\psi\ldots$;

pour la découvrir, il suffira de chercher les termes provenant de $\xi''''\ldots$

Le terme correspondant à cette dérivée dans la formule (A) est

$$-\delta\xi\,\frac{d^3}{dt^3}\,\frac{dZ}{d\xi'''}.$$

Je vais voir quels sont ceux qui en résultent dans la formule (β); on a

$$\frac{d^3}{dt^3}\frac{dZ}{d\xi'''}\,\delta\xi = \delta\xi\,\frac{d^3}{dt^3}\frac{dZ}{d\xi'''} + 3\,\delta\xi''\,\frac{d}{dt}\frac{dZ}{d\xi'''} + 3\,\delta\xi'\,\frac{d^2}{dt^2}\frac{dZ}{d\xi'''} + \delta\xi'''\,\frac{dZ}{d\xi'''};$$

d'où

$$-\delta\xi\,\frac{d^3}{dt^3}\frac{dZ}{d\xi'''} = -\frac{d^3}{dt^3}\,\delta\xi\,\frac{dZ}{d\xi'''} + 3\,\delta\xi''\,\frac{d}{dt}\frac{dZ}{d\xi'''} + 3\,\delta\xi'\,\frac{d^2}{dt^2}\frac{dZ}{d\xi'''} + \delta\xi'''\,\frac{dZ}{d\xi'''};$$

et si des relations

$$\frac{d}{dt}\,\delta\xi''\,\frac{dZ}{d\xi'''} = \frac{dZ}{d\xi'''}\,\delta\xi''' + \delta\xi''\,\frac{d}{dt}\frac{dZ}{d\xi'''},$$

$$\frac{d^2}{dt^2}\frac{dZ}{d\xi'''}\,\delta\xi' = \frac{dZ}{d\xi'''}\,\delta\xi''' + 2\,\frac{d}{dt}\frac{dZ}{d\xi'''}\,\delta\xi'' + \delta\xi'\,\frac{d^2}{dt^2}\frac{dZ}{d\xi'''};$$

on déduit

$$\delta\xi'\,\frac{d}{dt}\frac{dZ}{d\xi'''}$$

et

$$\delta\xi'\,\frac{d^2}{dt^2}\frac{dZ}{d\xi'''},$$

pour les porter dans cette valeur de $\delta\xi\,\dfrac{d^3}{dt^3}\dfrac{dZ}{d\xi'''}$, elle devient

$$-\delta\xi\,\frac{d^3}{dt^3}\frac{dZ}{d\xi'''} = -\frac{d^3}{dt^3}\,\delta\xi\,\frac{dZ}{d\xi'''} + 3\,\frac{d}{dt}\,\delta\xi''\,\frac{dZ}{d\xi'''} - 3\,\frac{dZ}{d\xi'''}\,\delta\xi'''$$
$$+ \delta\xi'''\,\frac{dZ}{d\xi'''} + 3\,\frac{d^2}{dt^2}\frac{dZ}{d\xi'''}\,\delta\xi' - 3\,\frac{dZ}{d\xi'''}\,\delta\xi''$$
$$- 6\,\frac{d}{dt}\,\delta\xi''\,\frac{dZ}{d\xi'''} + 6\,\frac{dZ}{d\xi'''}\,\delta\xi'',$$

ou

$$-\delta\xi\,\frac{d^3}{dt^3}\frac{dZ}{d\xi'''} = -\frac{d^3}{dt^3}\,\delta\xi\,\frac{dZ}{d\xi'''} + 3\,\frac{d^2}{dt^2}\frac{dZ}{d\xi'''}\,\delta\xi' - 3\,\frac{d}{dt}\frac{dZ}{d\xi'''}\,\delta\xi''' + \delta\xi''\,\frac{dZ}{d\xi'''}$$

La loi est évidente; les signes sont alternativement $+$ et $-$, en commençant par celui du terme que l'on transforme, les coefficients sont les mêmes que ceux du binôme; les indices des différentiations vont en diminuant d'une unité, et ceux des variations en augmentant aussi d'une unité; de sorte qu'on a généralement, en désignant par $d\xi''$ la différentielle $d\dfrac{d^n\xi}{dt^n}$,

$$\delta\xi\,\frac{d^n}{dt^n}\frac{dZ}{d\xi''} = \frac{d^n}{dt^n}\frac{dZ}{d\xi''}\,\delta\xi - n\,\frac{d^{n-1}}{dt^{n-1}}\frac{dZ}{d\xi''}\,\delta\xi'$$
$$+\,\frac{n(n-1)}{2}\,\frac{d^{n-2}}{dt^{n-2}}\,\frac{dZ}{d\xi''}\,\delta\xi''\ldots - \delta\xi''\,\frac{dZ}{d\xi''}.$$

En tenant compte du terme $-\,\delta\xi\dfrac{d^2}{dt^2}\dfrac{dZ}{d\xi'''}$, la formule ($\varepsilon$) deviendra donc

$$-\delta\int_0^t Zdt = \left\{\begin{aligned} &\Sigma\left[\begin{aligned} -\frac{dZ}{d\xi'}\,\delta\xi + \frac{d}{dt}\frac{dZ}{d\xi''}\,\delta\xi - 2\frac{dZ}{d\xi''}\,\delta\xi' - \frac{d^2}{dt^2}\delta\xi\,\frac{dZ}{d\xi'''}\\ +\,3\frac{d}{dt}\frac{dZ}{d\xi'''}\,\delta\xi' - 3\frac{dZ}{d\xi'''}\,\delta\xi'' \end{aligned}\right]\\ &-\Sigma\left[\begin{aligned} -\frac{dZ}{d\xi'_0}\,\delta\xi_0 + \frac{d}{dt}\frac{dZ}{d\xi''_0}\,\delta\xi_0 - 2\frac{dZ}{d\xi''_0}\,\delta\xi'_0 - \frac{d^2}{dt^2}\delta\xi_0\,\frac{dZ}{d\xi'''_0}\\ +\,3\frac{d}{dt}\frac{dZ}{d\xi'''_0}\,\delta\xi'_0 - 3\frac{dZ}{d\xi'''_0}\,\delta\xi''_0 \end{aligned}\right]. \end{aligned}\right.$$

En développant les différentiations

$$\frac{d}{dt}\frac{dZ}{d\xi''}\,\delta\xi = \delta\xi\frac{d}{dt}\frac{dZ}{d\xi''} + \frac{dZ}{d\xi''}\,\delta\xi',$$
$$-\frac{d^2}{dt^2}\delta\xi\,\frac{dZ}{d\xi'''} = -\delta\xi\frac{d^2}{dt^2}\frac{dZ}{d\xi'''} - 2\delta\xi'\frac{d}{dt}\frac{dZ}{d\xi'''} - \frac{dZ}{d\xi'''}\,\delta\xi'',$$
$$3\frac{d}{dt}\frac{dZ}{d\xi'''}\,\delta\xi' = 3\frac{dZ}{d\xi'''}\,\delta\xi'' + 3\delta\xi'\frac{d}{dt}\frac{dZ}{d\xi'''},$$

on a, pour la première partie,

$$\Sigma\left\{\begin{aligned} &\delta\xi\left(-\frac{dZ}{d\xi'} + \frac{d}{dt}\frac{dZ}{d\xi''} - \frac{d^2}{dt^2}\frac{dZ}{d\xi'''}\right)\\ &+\,\delta\xi'\left(-\frac{dZ}{d\xi''} + \frac{d}{dt}\frac{dZ}{d\xi'''}\right)\\ &+\,\delta\xi''\left(-\frac{dZ}{d\xi'''}\right). \end{aligned}\right.$$

La loi est bien simple; elle donne généralement, pour la supposition de la dérivée ξ^n contenue dans Z,

$$(E) \quad \sum \left\{ \begin{array}{l} \delta\xi \left(-\dfrac{dZ}{d\xi'} + \dfrac{d}{dt}\dfrac{dZ}{d\xi''} - \dfrac{d^2}{dt^2}\dfrac{dZ}{d\xi'''} + \ldots \pm \dfrac{d^{n-1}}{dt^{n-1}}\dfrac{dZ}{d\xi^n} \right) \\[2ex] +\delta\xi' \left(-\dfrac{dZ}{d\xi''} + \dfrac{d}{dt}\dfrac{dZ}{d\xi'''} - \dfrac{d^2}{dt^2}\dfrac{dZ}{d\xi^{IV}} + \ldots \mp \dfrac{d^{n-2}}{dt^{n-2}}\dfrac{dZ}{d\xi^n} \right) \\[2ex] \cdots \cdots \cdots \cdots \cdots \cdots \cdots \cdots \\[1ex] +\delta\xi^m \left(-\dfrac{dZ}{d\xi^{m+1}} + \dfrac{d}{dt}\dfrac{dZ}{d\xi^{m+2}} - \ldots + \dfrac{d^{n-m}}{dt^{n-m}}\dfrac{dZ}{d\xi^n} \right) \\[2ex] \cdots \cdots \cdots \cdots \cdots \cdots \cdots \cdots \\[1ex] +\delta\xi^{n-1} \left(-\dfrac{dZ}{d\xi^n} \right): \end{array} \right\} = -\delta \int_0^t Z\,dt.$$

$$-\sum (\text{la même expression avec les indices } 0)$$

Ces opérations préliminaires vont nous servir à étendre les considérations de M. Hamilton (*Transactions philosophiques de la Société royale de Londres*, 1834) aux équations générales que je considère. Pour cela, en suivant l'ordre d'idées de ce géomètre, je vais transformer le second membre de manière à lui donner une forme analogue à celle du premier.

Posons

$$S = \int_0^t Z\,dt;$$

Z contenant ξ^n, les équations (A) seront de l'ordre $2n$, et, s'il y en a ν, leurs intégrales devront contenir $2n\nu$ paramètres arbitraires. Mais Z étant fonction de ξ, ψ,..., ξ', ψ',..., on pourra l'exprimer en fonction de ces paramètres au moyen des valeurs de ξ, ψ,... qu'on suppose connues. Par suite, S sera aussi fonction de $2n\nu$ paramètres et de t.

On peut attribuer à S une autre composition. Les $n\nu$ valeurs ξ, ψ,..., ξ',..., ξ^{n-1},..., supposées connues en fonction des paramètres, donnent aussi, de la même manière, ξ_0, ψ_0,..., ξ'_0,..., ξ_0^{n-1},...; ce qui fait $2n\nu$ relations pouvant servir à déterminer les $2n\nu$ paramètres, au moyen de ξ_0, ψ_0,...,ξ'_0,...,ξ, ψ,...,ξ^{n-1},...,ψ_0^{n-1},...; et S, exprimé d'abord au moyen de $2n\nu$ paramètres, pourra maintenant être censée connue en fonction de ces quantités. Sa variation complète donne alors

$$\delta S = \frac{dS}{d\xi_0}\,\delta\xi_0 + \frac{dS}{d\psi_0}\,\delta\psi_0 + \ldots$$
$$+ \frac{dS}{d\xi'_0}\,\delta\xi'_0 + \frac{dS}{d\psi'_0}\,\delta\psi'_0 + \ldots$$
$$\cdots\cdots\cdots\cdots\cdots\cdots$$
$$+ \frac{dS}{d\xi_0^{n'-1}}\,\delta\xi_0^{n'-1} + \frac{dS}{d\psi_0^{n'-1}}\,\delta\psi_0^{n'-1} + \ldots$$
$$+ \frac{dS}{d\xi}\,\delta\xi + \frac{dS}{d\psi}\,\delta\psi + \ldots$$
$$+ \frac{dS}{d\xi'}\,\delta\xi' + \frac{dS}{d\psi'}\,\delta\psi' + \ldots$$
$$\cdots\cdots\cdots\cdots\cdots\cdots$$
$$+ \frac{dS}{d\xi^{n'-1}}\,\delta\xi^{n'-1} + \frac{dS}{d\psi^{n'-1}}\,\delta\psi^{n'-1} + \ldots$$

Cette expression, égale au premier membre de l'équation (E), donne la transformation que j'avais en vue. Si nous observons, maintenant, qu'à cause de l'indétermination des $\delta\xi$, $\delta\psi$, ..., on peut comparer les termes qui dépendent des mêmes variations dans les deux membres, l'équation résultante se trouve décomposée en les systèmes suivants:

(1)
$$\left\{ \begin{aligned} -\frac{dS}{d\xi} &= -\frac{dZ}{d\xi'} + \frac{d}{dt}\frac{dZ}{d\xi''} \cdots\cdots \pm \frac{d^{n-1}}{dt^{n-1}}\frac{dZ}{d\xi^{n}}, \\[1ex] -\frac{dS}{d\psi} &= -\frac{dZ}{d\psi'} + \cdots\cdots\cdots\cdots \\[1ex] &\cdots\cdots\cdots\cdots\cdots \end{aligned} \right.$$

(2)
$$\left\{ \begin{aligned} -\frac{dS}{d\xi'} &= -\frac{dZ}{d\xi''} + \frac{d}{dt}\frac{dZ}{d\xi'''} - \cdots\cdots \mp \frac{d^{n-2}}{dt^{n-2}}\frac{dZ}{d\xi^{n}}, \\[1ex] -\frac{dS}{d\psi'} &= -\frac{dZ}{d\psi''} + \cdots\cdots\cdots\cdots \\[1ex] &\cdots\cdots\cdots\cdots\cdots \end{aligned} \right.$$

$$\cdots\cdots\cdots\cdots\cdots\cdots\cdots$$

$$(m) \begin{cases} -\dfrac{dS}{d\xi^{m'}} = -\dfrac{dZ}{d\xi^{m'+1}} + \dfrac{d}{dt}\dfrac{dZ}{d\xi^{m'+2}} - \ldots \pm \dfrac{d^{n-m}}{dt^{n-m}}\dfrac{dZ}{d\xi^{n'}}, \\[2ex] -\dfrac{dS}{d\psi^{m'}} = -\dfrac{dZ}{d\psi^{m'+1}} + \ldots \ldots \ldots \ldots \\[1ex] \cdots \cdots \cdots \cdots \cdots \cdots \cdots \end{cases}$$

$$\cdots \cdots \cdots \cdots \cdots \cdots \cdots \cdots \cdots$$

$$(n) \begin{cases} -\dfrac{dS}{d\xi^{n'-1}} = -\dfrac{dZ}{d\xi^{n'}}, \\[2ex] -\dfrac{dS}{d\psi^{n'-1}} = -\dfrac{dZ}{d\psi^{n'}}; \\[1ex] \cdots \cdots \cdots \cdots \cdots \end{cases}$$

$$(1_0) \begin{cases} \dfrac{dS}{d\xi_0} = -\dfrac{dZ}{d\xi_0'} + \dfrac{d}{dt}\dfrac{dZ}{d\xi_0''} - \ldots \pm \dfrac{d^{n-1}}{dt^{n-1}}\dfrac{dZ}{d\xi_0^{n'}}, \\[2ex] \dfrac{dS}{d\psi_0} = -\dfrac{dZ}{d\psi_0'} + \ldots \ldots \ldots \ldots \\[1ex] \cdots \cdots \cdots \cdots \cdots \cdots \cdots \end{cases}$$

$$(2_0) \begin{cases} \dfrac{dS}{d\xi_0'} = -\dfrac{dZ}{d\xi_0''} + \dfrac{d}{dt}\dfrac{dZ}{d\xi_0'''} \ldots \ldots \mp \dfrac{d^{n-2}}{dt^{n-2}}\dfrac{dZ}{d\xi_0^{n'}}, \\[2ex] \dfrac{dS}{d\psi_0'} = -\dfrac{dZ}{d\psi_0''} + \ldots \ldots \ldots \ldots \\[1ex] \cdots \cdots \cdots \cdots \cdots \cdots \cdots \end{cases}$$

$$\cdots \cdots \cdots \cdots \cdots \cdots \cdots \cdots \cdots$$

$$(m_0) \begin{cases} \dfrac{dS}{d\xi_0^{m'}} = -\dfrac{dZ}{d\xi_0^{m'+1}} + \dfrac{d}{dt}\dfrac{dZ}{d\xi_0^{m'+2}} - \ldots + \dfrac{d^{n-m}}{dt^{n-m}}\dfrac{dZ}{d\xi_0^{n'}}; \\[2ex] \dfrac{dS}{d\psi_0^{m'}} = -\dfrac{dZ}{d\psi_0^{m'+1}} + \ldots \ldots \ldots \ldots \\[1ex] \cdots \cdots \cdots \cdots \cdots \cdots \cdots \end{cases}$$

$$\cdots \cdots \cdots \cdots \cdots \cdots \cdots \cdots \cdots$$

$$(n_0) \begin{cases} \dfrac{dS}{d\xi_0^{n'-1}} = -\dfrac{dZ}{d\xi_0^{n'}}, \\[2ex] \dfrac{dS}{d\psi_0^{n'-1}} = -\dfrac{dZ}{d\psi_0^{n'}}, \\[1ex] \cdots \cdots \cdots \cdots \cdots \end{cases}$$

Ces équations sont d'une forme simple et régulière; pour passer d'un système au suivant, il suffit d'ajouter un accent de plus aux différentielles des dénominateurs.

Comme vérification, je dois d'abord remarquer que, dans le cas où Z ne contient pas les dérivées des variables supérieures aux premières, tous ces systèmes se réduisent aux deux suivants :

$$
(\mathrm{N}) \quad \left\{
\begin{array}{l}
\dfrac{dS}{d\xi} = \dfrac{dZ}{d\xi'}, \\[2ex]
\dfrac{dS}{d\psi} = \dfrac{dZ}{d\psi'}, \\
\ldots\ldots\ldots
\end{array}
\right.
$$

$$
(\mathrm{N}_0) \quad \left\{
\begin{array}{l}
\dfrac{dS}{d\xi_0} = -\dfrac{dZ}{d\xi'_0}, \\[2ex]
\dfrac{dS}{d\psi_0} = -\dfrac{dZ}{d\psi'_0}, \\
\ldots\ldots\ldots
\end{array}
\right.
$$

qui se réduisent à ceux de M. Hamilton lorsqu'on prend les coordonnées rectangulaires; on sait qu'ils représentent sous cette forme les intégrales complètes, et les intégrales premières des équations du mouvement.

Parmi les systèmes que nous avons trouvés ci-dessus, (n_0) et (n) sont semblables, par la forme, à ceux de la dynamique (N), (N_0), et s'en déduisent par analogie : or, dans (n_0) les premiers membres dépendent de

$$\xi,\ \xi',\ldots,\ \xi^{n'-1};\quad \psi,\ldots,\ \psi^{n'-1};\ldots;$$

les seconds renferment les valeurs initiales de $\dfrac{dZ}{d\xi^{n'}}$, $\dfrac{dZ}{d\psi^{n'}},\ldots$, qui, dépendant de ξ_0, $\xi'_0,\ldots$, $\psi_0,\ldots$, et des nouvelles constantes $\xi_0^{n'}$, $\psi_0^{n'},\ldots$, qui ne se trouvent pas dans S, peuvent par suite tenir lieu de ν constantes. $\dfrac{dS}{d\xi_0^{n'-1}}$, $\dfrac{dS}{d\psi_0^{n'-1}},\ldots$, dépendent des νn autres,

$$\xi_0,\ \xi'_0,\ldots,\ \xi_0^{n'-1},$$
$$\psi_0,\ \psi'_0,\ldots,\ \psi_0^{n'-1}.$$

Ces équations renferment donc les $n - 1$ premières dérivées ξ', ξ'',..., ξ^{n-1}, avec $(n + 1)\nu$ constantes; ce sont donc des intégrales de l'ordre $n + 1$ des équations proposées.

Le second système (n) renferme, de plus que celui que nous venons de considérer, les dérivées ξ^n, ψ^n,..., avec $n\nu$ constantes seulement; ce sont donc des intégrales de l'ordre n des équations proposées.

En exprimant les équations des autres systèmes au moyen des dérivées de la fonction S, elles prennent une forme remarquable; en effet, elles sont, pour $(n - 1)$ et $(n - 2)$,

$$-\frac{dS}{d\xi^{n'-2}} = -\frac{dZ}{d\xi^{n'-1}} + \frac{d}{dt}\frac{dZ}{d\xi^{n'}},$$

$$-\frac{dS}{d\xi^{n'-3}} = -\frac{dZ}{d\xi^{n'-2}} + \frac{d}{dt}\frac{dZ}{d\xi^{n'-1}} - \frac{d^2}{dt^2}\frac{dZ}{d\xi^{n'}}.$$

En vertu de (n), la première devient

$$-\frac{dS}{d\xi^{n'-2}} - \frac{d}{dt}\frac{dS}{d\xi^{n'-1}} = -\frac{dZ}{d\xi^{n'-1}};$$

et, au moyen de la première, la seconde donne

$$-\frac{dS}{d\xi^{n'-3}} - \frac{d}{dt}\frac{dS}{d\xi^{n'-2}} = -\frac{dZ}{d\xi^{n'-2}}.$$

On a donc les systèmes suivants pour remplacer les premiers :

$$(1) \qquad \frac{dS}{d\xi} + \frac{d}{dt}\frac{dS}{d\xi'} = \frac{dZ}{d\xi'};$$

$$\cdots\cdots\cdots\cdots\cdots\cdots$$

$$(2) \qquad \frac{dS}{d\xi'} + \frac{d}{dt}\frac{dS}{d\xi''} = \frac{dZ}{d\xi''};$$

$$\cdots\cdots\cdots\cdots\cdots\cdots$$

$$\cdots\cdots\cdots\cdots\cdots\cdots$$

$$(m) \qquad \frac{dS}{d\xi^m} + \frac{d}{dt}\frac{dS}{d\xi^{m+1}} = \frac{dZ}{d\xi^{m+1}};$$

$$\cdots\cdots\cdots\cdots\cdots\cdots$$

$$\cdots\cdots\cdots\cdots\cdots\cdots$$

$$(n-1) \qquad \frac{dS}{d\xi^{n'-2}} + \frac{d}{dt}\frac{dS}{d\xi^{n'-1}} = \frac{dZ}{d\xi^{n'-1}};$$

$$\cdots \cdots \cdots \cdots$$

$$(n) \qquad \frac{dS}{d\xi^{n'-1}} = \frac{dZ}{d\xi^{n'}}.$$

$$\cdots \cdots \cdots \cdots$$

Ces équations dépendent toutes des variables ξ, ψ,..., des dérivées ξ', ξ'',..., $\xi^{n'}$, ψ',..., $\psi^{n'}$, et renferment $n\nu$ constantes arbitraires; elles ne donnent donc pas autre chose que ce que nous avons trouvé plus haut pour le système (n).

Pour l'autre groupe (1_0), (2_0),..., (n_0), on verrait de même qu'elles renferment une constante de plus $-\frac{d}{dt}\frac{dS}{d\xi_0'}$, terme dépendant de $\xi_0^{n'+1}$, $\psi_0^{n'+1}$, et une dérivée $\xi^{n'+1}$ de moins; elles donnent par suite, comme nous l'avons trouvé pour (n_0), les intégrales de l'ordre $n+1$.

Donc, en résumé, quel que soit l'ordre $2n$ des équations différentielles, les intégrales de l'ordre n et $n+1$ sont toujours données de la même manière

$$(n) \qquad \frac{dS}{d\xi^{n'-1}} = \frac{dZ}{d\xi^{n'}},$$

$$\cdots \cdots \cdots \cdots$$

$$(n_0) \qquad \frac{dS}{d\xi_v^{n'-1}} = -\frac{dZ}{d\xi_0^{n'}},$$

$$\cdots \cdots \cdots \cdots$$

au moyen des dérivées d'une même fonction $S = \int_0^t Z\,dt$.

Pour $n = 1$, on passe aux équations du mouvement; elles sont du second ordre, et nous devons avoir les intégrales 1 et $1+1$, ou les intégrales premières et les intégrales complètes; ce qui est le résultat connu.

Dans ce cas aussi, tous les systèmes précédents disparaissent, excepté (1), (1_0), comme cela doit être.

V.

S ayant la composition indiquée dans le paragraphe précédent donne, pour sa différentielle complète,

$$dS = \frac{dS}{dt}\, dt + \frac{dS}{d\xi}\, d\xi + \frac{dS}{d\xi'}\, d\xi' + \ldots + \frac{dS}{d\xi^{n'-1}}\, d\xi^{n'-1}$$
$$+ \frac{dS}{d\psi} + \ldots\ldots\ldots\ldots + \frac{dS}{d\psi^{n'-1}}\, d\psi^{n'-1}$$
$$+ \ldots\ldots\ldots\ldots\ldots$$

ou bien, en divisant par dt,

$$(\text{M}) \quad \left\{ \begin{array}{l} Z = \dfrac{1}{dt}\, dS = \dfrac{dS}{dt} + \dfrac{dS}{d\xi}\, \xi' + \dfrac{dS}{d\xi'}\, \xi'' + \ldots + \dfrac{dS}{d\xi^{n'-1}}\, \xi^{n} \\[2mm] \qquad + \dfrac{dS}{d\psi}\, \psi' + \dfrac{dS}{d\psi'}\, \psi'' + \ldots + \dfrac{dS}{d\psi^{n'-1}}\, \psi^{n} \\[2mm] \qquad + \ldots\ldots\ldots\ldots\ldots \end{array} \right.$$

Les ν équations (n) peuvent donner les ν valeurs $\xi^{n'}$, $\psi^{n'}\ldots$, en fonction des différentielles partielles $\frac{dS}{d\xi^{n'-1}}$, $\frac{dS}{d\psi^{n'-1}}$, $\ldots$, et portées dans l'équation (M), on obtiendra une équation aux différentielles partielles du premier ordre en S, dont la composition dépendra de celle de Z. S est regardée comme fonction des variables ξ, ξ', $\ldots$, $\xi^{n'-1}$; ψ, $\ldots$, $\psi^{n'-1}$, $\ldots$, t, au nombre de $n\nu + 1$; elle renferme, en outre, les $n\nu$ paramètres ξ_0, ξ'_0, $\ldots$, ξ_0^{n-1}; ψ_0, ψ'_0, $\ldots$, ψ_0^{n-1}; et, comme elle n'entre dans l'équation (N) que par ses différentielles, on peut lui ajouter une autre constante, et elle pourra dès lors être regardée comme une solution complète de l'équation aux différentielles partielles, puisqu'elle aura $n\nu + 1$ paramètres arbitraires, c'est-à-dire autant que de variables.

En attribuant à Z la composition qu'elle a en dynamique

$$\tfrac{1}{2}(\Xi\xi'^2 + \Psi\psi'^2 + \ldots + \Xi_1\xi'\psi'\ldots) + V,$$

on déduit facilement des mêmes équations une équation aux différentielles partielles du second degré, et, en supposant les coordonnées rectangulaires, elles donnent celle trouvée par M. Hamilton. On les obtient au moyen des équations réduites (1) et (M); car on a, dans ce cas,

$$Z = \frac{1}{dt} dS = \frac{dS}{dt} + \frac{dS}{d\xi} \xi' + \frac{dS}{d\psi} \psi',$$

et les intégrales

$$\frac{dS}{d\xi} = \frac{dZ}{d\xi'}, \quad \frac{dS}{d\psi} = \frac{dZ}{d\psi'} \cdots$$

Pour des coordonnées rectangulaires, il vient

$$Z = \frac{dS}{dt} + \sum \left(\frac{dS}{dx} x' + \frac{dS}{dy} y' + \frac{dS}{dz} z' \right),$$

et à cause de $Z = T + V$ et $T = \frac{1}{2} \Sigma m (x'^2 + y'^2 + z'^2)$, on a, pour les deux systèmes d'intégrales (N), (N$_0$),

$$(N') \qquad \begin{cases} \dfrac{dS}{dx} = m x', \\[2mm] \dfrac{dS}{dy} = m y'; \end{cases}$$

$$(N'_0) \qquad \begin{cases} \dfrac{dS}{dx_0} = - m x'_0, \\[2mm] \dfrac{dS}{dy_0} = - m y'_0. \end{cases}$$

Ces expressions conduisent à la relation

$$V + \frac{1}{2} \sum m (x'^2 + y'^2 + z'^2) = \frac{dS}{dt} + \sum m (x'^2 + y'^2 + z'^2),$$

ou bien

$$\frac{dS}{dt} = V - \frac{1}{2} \sum m (x'^2 + y'^2 + z'^2),$$

ou enfin

$$(M_1) \qquad \frac{dS}{dt} + \frac{1}{2} \sum \frac{1}{m} \left[\left(\frac{dS}{dx} \right)^2 + \left(\frac{dS}{dy} \right)^2 + \left(\frac{dS}{dz} \right)^2 \right] = V.$$

Lorsque le principe des forces vives a lieu, on a

$$\frac{1}{2} \sum m (x'^2 + y'^2 + z'^2) - V = \frac{1}{2} \sum m (x_0'^2 + y_0'^2 + z_0'^2) - V_0,$$

d'où

$$\frac{dS}{dt} = V_0 - \tfrac{1}{2} \sum m \left(x_0'^2 + y_0'^2 + z_0'^2 \right),$$

et en vertu de (N_0'),

$$(M_1) \qquad \frac{dS}{dt} + \tfrac{1}{2} \sum \frac{1}{m} \left[\left(\frac{dS}{dx_0}\right)^2 + \left(\frac{dS}{dy_0}\right)^2 + \left(\frac{dS}{dz_0}\right)^2 \right] = V_0.$$

Nous venons de voir que si l'on connaissait la fonction S, on pourrait écrire immédiatement les intégrales des équations du mouvement. Une fonction si importante devait attirer l'attention des géomètres, dont les efforts dirigés vers sa recherche avaient par suite, pour but, une méthode d'intégration. M. Hamilton, la traitant comme une inconnue à trouver, a cherché à l'engager dans une équation différentielle, et est tombé sur l'équation aux différentielles partielles (M_1) du second degré à laquelle cette fonction doit satisfaire. Il y a $3n + 1$ variables indépendantes $x, y, z, ..., t$; S contient les $3n$ valeurs initiales x_0, y_0, z_0, et une autre constante qu'elle peut renfermer par addition. Elle est donc, ainsi composée, une solution complète de (M_1). Or, comme à une même équation aux différentielles partielles correspond une infinité de solutions complètes, la fonction S ne se trouve pas déterminée, et l'on peut croire d'abord qu'elle doit satisfaire à d'autres conditions. Mais on peut faire voir, d'après M. Jacobi (*Journal de Mathématiques* de M. Liouville, tome III), que toute autre solution complète de l'équation différentielle partielle (M_1) peut donner, comme celle que nous venons de considérer, les intégrales des équations du mouvement, et que par conséquent cette équation différentielle remplace à elle seule le système d'équations aux différentielles ordinaires de la dynamique.

Ainsi, soit S cette solution avec les $3n + 1$ constantes; $c, a_1, a_2, ..., a_{3n}, ..., b_1, b_2, ..., b_{3n}$ en étant de nouvelles, il s'agit de démontrer que les équations

$$\frac{dS}{da_1} = b_1, \quad \frac{dS}{da_2} = b_2, \ldots, \quad \frac{dS}{da_{3n}} = b_n,$$

sont les intégrales des équations du mouvement. Pour y arriver, la marche est toute naturelle; il faut différentier deux fois ces relations pour introduire les dérivées secondes, et éliminer S au moyen de l'équation (M_i) ou des valeurs qui y conduisent.

Par une première différentiation, on a

$$o = \frac{d\frac{dS}{da_1}}{dt} = \frac{d^2S}{da_1\,dt} + \sum\left(\frac{d^2S}{da_1\,dx}\,x' + \frac{d^2S}{da_1\,dy}\,y' + \frac{d^2S}{da_1\,dz}\,z'\right),$$

$$\ldots\ldots\ldots\ldots\ldots\ldots\ldots\ldots\ldots\ldots$$

$$o = \frac{d\frac{dS}{da_{3n}}}{dt} = \frac{d^2S}{da_{3n}\,dt} + \sum\left(\frac{d^2S}{da_{3n}dx}\,x' + \ldots\ldots\ldots\ldots\ldots\ldots\ldots\right);$$

et les dérivées partielles de (M_i), par rapport à $a_1, a_2,\ldots, a_{3n}$:

$$o = \frac{d^2S}{da_1\,dt} + \sum\frac{1}{m}\left(\frac{d^2S}{da_1\,dx}\frac{dS}{dx} + \frac{d^2S}{da_1\,dy}\frac{dS}{dy} + \frac{d^2S}{da_1\,dz}\frac{dS}{dz}\right),$$

$$\ldots\ldots\ldots\ldots\ldots\ldots\ldots\ldots\ldots\ldots$$

$$o = \frac{d^2S}{da_{3n}\,dt} + \sum\frac{1}{m}\left(\quad\ldots\ldots\ldots\quad\right),$$

font voir que les valeurs des premières dérivées x', y',..., sont

$$x' = \frac{1}{m}\frac{dS}{dx}, \quad y' = \frac{1}{m}\frac{dS}{dy}, \quad z' = \frac{1}{m}\frac{dS}{dz}.$$

Par une seconde différentiation, elles donnent

$$m\frac{d^2x}{dt^2} = \frac{d^2S}{dx\,dt} + \sum\left(\frac{d^2S}{dx\,dx_l}x'_l + \frac{d^2S}{dx\,dy_l}y'_l + \frac{d^2S}{dz\,dz_l}z'_l\right),$$

$$m\frac{d^2y}{dt^2} = \frac{d^2S}{dy\,dt} + \sum\left(\quad\ldots\ldots\quad\right),$$

$$m\frac{d^2z}{dt^2} = \ldots\ldots$$

l devant prendre toutes les valeurs $1, 2,\ldots, n$; n étant le nombre des points matériels dont les masses sont $m_1, m_2,\ldots$, ces équations deviennent, en vertu de (N'),

$$m \frac{d^2x}{dt^2} = \frac{d^2S}{dx\,dt} + \sum \left(\frac{d^2S}{dx\,dx_i} \frac{dS}{dx_i} + \frac{d^2S}{dy\,dy_i} \frac{dS}{dy_i} + \cdots \right).$$

$$\cdot\quad\cdot\quad\cdot\quad\cdot\quad\cdot\quad\cdot\quad\cdot\quad\cdot\quad\cdot\quad\cdot\quad\cdot\quad\cdot\quad\cdot\quad\cdot$$

et les seconds membres étant les dérivées partielles de (M_i), elles se transforment en celles-ci :

$$m \frac{d^2x}{dt^2} = \frac{dV}{dx}, \quad m \frac{d^2y}{dt^2} = \frac{dV}{dy}, \quad m \frac{d^2z}{dt^2} = \frac{dV}{dz},$$

qui sont celles du mouvement ; ce qu'il fallait démontrer.

Donc, en résumé, l'intégration des équations aux différentielles ordinaires se trouve ramenée à la considération d'une certaine fonction S, appelée *radical, central,* par le géomètre anglais; et la recherche de cette fonction conduisant à une équation aux différentielles partielles, la question se trouve, en dernier lieu, dépendre de cette équation.

Vu et approuvé,

Le 12 Novembre 1845.

Le Doyen de la Faculté des Sciences,

DUMAS.

Permis d'imprimer,

L'Inspecteur général des Études,

chargé de l'administration de l'Académie de Paris,

ROUSSELLE.

THÈSE DE MÉCANIQUE.

THÉORIE

DE LA

VARIATION DES CONSTANTES ARBITRAIRES,

Et indication de ses usages pour le calcul des Formules générales qui donnent les variations des éléments de rotation des Planètes.

En supposant, pour plus de simplicité, qu'il n'y ait pas d'équation de condition, on a, pour les équations générales du mouvement.

$$(1)\quad\begin{cases} \dfrac{d}{dt}\dfrac{dZ}{d\xi'} = \dfrac{dZ}{d\xi}, \\[2ex] \dfrac{d}{dt}\dfrac{dZ}{d\psi'} = \dfrac{dZ}{d\psi}, \\[2ex] \ldots\ldots\ldots\ldots \end{cases}$$

Ces équations différentielles étant du second ordre et en nombre n par exemple, leurs intégrales censées connues doivent renfermer $2n$ constantes arbitraires; il s'agit, dans cette théorie, d'étendre ces intégrales à ce même système d'équations, mais augmentées d'un terme fonction des variables,

$$(2)\quad\begin{cases} \dfrac{d}{dt}\dfrac{dZ}{d\xi'} = \dfrac{dZ}{d\xi} + (\xi), \\[2ex] \dfrac{d}{dt}\dfrac{dZ}{d\psi'} = \dfrac{dZ}{d\psi} + (\psi), \\[2ex] \ldots\ldots\ldots\ldots \end{cases}$$

Pour y arriver, on conserve la forme des intégrales en donnant aux paramètres une signification bien plus étendue, afin de faire répondre les mêmes formules à une question plus générale. Le problème à résoudre sera le suivant : Étant données les équations

$$(a) \qquad \left\{ \begin{array}{l} \xi = f(a,\ b\ ..,\ t), \\ \psi = f_1(a,\ b..\ ,\ t), \\ \dots\dots\dots\dots\dots \end{array} \right.$$

qui représentent les intégrales du système (1), déterminer les fonctions a, b…. de t, de manière que ces mêmes équations représentent les intégrales du système (2).

Il y a $2n$ paramètres à déterminer et n intégrales (a) auxquels ils doivent satisfaire; on pourrait donc n'en faire varier que n; mais il est préférable de les regarder tous comme des fonctions à déterminer, et de se donner n autres conditions qu'on emploiera comme moyen de simplification, pour obtenir une forme remarquable.

δ désignera toujours des variations relatives aux paramètres; mais en bornant à la dynamique les relations démontrées dans la première thèse, ce δ y répondait à des accroissements infiniment petits et constants attribués aux paramètres a, b….; et les $\delta\xi$, $\delta\psi$,…. étaient les accroissements qui en résultaient pour les variables ξ, ψ,…. qui en sont fonction. Actuellement ces $\delta\xi$, $\delta\psi$,… répondent à des accroissements δa, δb,… des paramètres variant par l'effet de l'accroissement dt du temps, dont on les suppose fonctions.

Prenons, pour les n conditions arbitraires dont nous avons parlé, les suivantes

$$(b) \qquad \delta\xi = 0, \qquad \delta\psi = 0, \dots;$$

elles auront l'avantage de conserver aux dérivées de ξ, ψ,… la même forme qu'affectaient les dérivées des intégrales (a) du premier système, et de réduire au premier ordre, par rapport aux paramètres, les équations différentielles. Toute fonction de t, ξ, ξ', ψ',… devra aussi conserver la même forme, que ces quantités soient supposées fonctions des paramètres constants ou variables.

Cela posé, en substituant les valeurs (*a*) de ξ, ψ,.. exprimées en paramètres variables dans les équations différentielles (2), elles deviennent, la première par exemple,

$$(3) \qquad \left\{ \begin{array}{l} \dfrac{d}{dt}\,\dfrac{dZ}{d\xi'} + \dfrac{\delta}{dt}\,\dfrac{dZ}{d\xi'} = \dfrac{dZ}{d\xi} + (\xi) \\ \ldots \ldots \ldots \ldots \ldots \ldots \ldots \end{array} \right.$$

$\dfrac{\delta}{dt}\dfrac{dZ}{d\xi'}$ étant la partie qui provient de la variation des paramètres.

Généralement, F étant une fonction des variables $\xi,\psi,\ldots$, dF$+\,\delta$F représentera sa variation complète de la même manière que $d\xi + \delta\xi$ représente celle de ξ.

Il résulte de ce qui vient d'être dit que, dans l'équation (3), $\dfrac{dZ}{d\xi}$ conserve la même forme que dans son analogue de (1), ainsi que $\dfrac{dZ}{d\xi'}$, et par suite $\dfrac{d}{dt}\dfrac{dZ}{d\xi'}$, d'après la signification que nous avons assignée à ce terme. Ces deux expressions se détruisent; car il est évident que la destruction qui s'opère terme par terme dans (1) a lieu, que les paramètres soient constants, comme dans le premier cas, ou variables, comme dans le second.

L'équation (3) se réduira donc, et opérant de même pour les autres variables, on arrive au système

$$(c) \qquad \left\{ \begin{array}{l} \dfrac{\delta}{dt}\,\dfrac{dZ}{d\xi'} = (\xi), \\[2mm] \dfrac{\delta}{dt}\,\dfrac{dZ}{d\psi'} = (\psi). \\ \ldots \ldots \ldots \ldots \end{array} \right.$$

Nous voilà en possession de $2n$ équations, c'est-à-dire autant qu'il y a de paramètres à déterminer. Il faut maintenant en dériver d'autres qui offrent une forme remarquable, un caractère particulier.

Désignons par $\Delta\xi$, $\Delta\psi$,... des variations produites par l'effet de variations Δa, Δb,... infiniment petites et quelconques. Les équations (c), multipliées respectivement par ces $\Delta\xi$, $\Delta\psi$, , donnent, en faisant la somme,

$$\sum \Delta \xi \, \delta \frac{dZ}{d\xi'} = \sum (\xi) \, \Delta \xi \, dt;$$

à cause de (b), on peut en retrancher

$$\delta \xi \, \Delta \frac{dZ}{d\xi'} + \delta \psi \, \Delta \frac{dZ}{d\psi'} + \ldots,$$

et il vient

$$(d) \qquad \Delta \xi \, \delta \frac{dZ}{d\xi'} - \delta \xi \, \Delta \frac{dZ}{d\xi'} + \Delta \psi \, \delta \frac{dZ}{d\psi'} - \delta \psi \, \Delta \frac{dZ}{d\psi'} \ldots = [(\xi) \, \Delta \xi + \ldots] \, dt$$

ou bien

$$(f) \qquad \delta \left(\Delta \xi \frac{dZ}{d\xi'} + \Delta \psi \frac{dZ}{d\psi'} \ldots \right) - \Delta \left(\delta \xi \frac{dZ}{d\xi'} + \delta \psi \frac{dZ}{d\psi'} + \ldots \right) = [(\xi) \, \Delta \xi + (\psi) \, \Delta \psi \ldots] \, dt.$$

Or, les paramètres étant constants, nous avons vu (1re *thèse*, III), par le théorème de Lagrange, que le premier membre exprimé au moyen de ces paramètres devient indépendant du temps. Dans le cas actuel, sa composition est identique à la première; seulement les δa, constants dans le premier cas, sont ici variables, mais ils ne sauraient, par leur présence, introduire explicitement le temps. Ainsi le premier membre pourra être amené à ne contenir que les paramètres, et à cause de l'indépendance des variations Δa, Δb,...., si l'on égale les coefficients de chacune d'elles dans les deux membres exprimés en paramètres, on aura $2n$ équations distinctes entre les différentielles du premier ordre δa, δb,..., ou da, db,...; car ce n'est pas autre chose que les différentielles de a, b,... prises par rapport à t; et si l'on peut les intégrer, en substituant leurs valeurs dans les expressions de ξ, ψ,..., intégrales du premier système, on aura celles du second, et le problème sera résolu. Mais, comme on le sait, l'intégration en termes finis n'est pas le but général de la méthode, qu'il faut seulement considérer comme une transformation d'équations se prêtant aux approximations.

Ce qu'il y a de fondamental dans la théorie de la variation des constantes arbitraires se trouve exposé; on va voir dans ce qui suit

les marches qu'on peut suivre pour exprimer (f) ou (d) en paramètres, et arriver aux équations différentielles des éléments.

D'abord, le calcul du second membre se simplifie si les quantités
(ξ), (ψ),... sont les différentielles partielles d'une même fonction Ω.
On exprime alors cette fonction en paramètres, et, différentiant par
Δ. on a une expression de la forme

$$\frac{d\Omega}{da}\Delta a + \frac{d\Omega}{db}\Delta b + \frac{d\Omega}{dc}\Delta c + \ldots,$$

a, b, c,... étant les paramètres.

Si c'est l'équation (d) que l'on considère, pour avoir son premier
membre, il faudra calculer directement les variations $\Delta\xi$, $\Delta\psi$,..., au
moyen des valeurs (a) de ξ, ψ,..., connues en paramètres, puis
celles par ∂ des dérivées $\frac{dZ}{d\xi'}=\frac{dT}{d\xi'},\frac{dT}{d\psi'},\ldots$, T étant la moitié de la force
vive, et faire les produits respectifs. En faisant la somme, on aura
la valeur de

$$\sum\Delta\xi\partial\frac{dT}{d\xi'}.$$

et il suffira d'y changer l'ordre des caractéristiques ∂, Δ, pour avoir
l'autre partie

$$\sum\partial\xi\Delta\frac{dT}{d\xi'}.$$

Si c'est l'équation (f) que l'on transforme, il faudra prendre les
variations après avoir effectué les produits indiqués $\Delta\xi\frac{dT}{d\xi'}$, et puis
intervertir l'ordre des signes ∂, Δ; c'est la marche indiquée par
M. Binet dans son Mémoire.

Dans la première, les multiplications se trouvent compliquées
par les variations que l'on commence par prendre; dans la seconde,
les variations s'effectuent après; mais deux causes concourent à
augmenter ces opérations : les multiplications que l'on fait d'abord,
et en second lieu, la conservation des termes qu'on a ajoutés au premier membre de (d). On doit remarquer que ces derniers ne com-

4.

pliquent pas les opérations ultérieures; car, puisqu'ils se détruisent avant la transformation par l'effet des doubles variations δ, Δ,
ils s'annuleront encore immédiatement après qu'ils seront exprimés
en paramètres. Dans le calcul du premier membre de (d), se pré-
sente une simplification générale: ξ, $\dfrac{dT}{d\xi'}$, étant des fonctions de paramètres, a et b par exemple, on a une expression de la forme

$$(M\Delta a + N\Delta b)(M'\delta a + N'\delta b) - (M\delta a + N\delta b)(M'\Delta a + N'\Delta b)$$
$$= NM'\Delta b\delta a + MN'\Delta a\delta b - NM'\delta b\Delta a - MN'\delta a\Delta b;$$

on voit qu'il n'y aura pas à tenir compte des termes renfermant les
deux variations Δ, δ de la même lettre.

En suivant l'une ou l'autre de ces deux routes, on arrive à une
équation unique d'où l'on déduit les variations des éléments. Dans
l'emploi que l'on fait ordinairement de la méthode, au lieu d'effectuer les substitutions dans (d) ou (f), on les opère dans les formules
générales de ces variations. (LAGRANGE, *Mécanique analytique*,
Mémoires de l'Académie des Sciences, 1808; — POISSON, *Journal
de l'École Polytechnique*, 15e cahier.)

II.

Les valeurs

$$\theta = \lambda + \frac{ke}{n} + \frac{he^2\cos\lambda}{n^2\sin\lambda},$$

$$\psi = g - \frac{k'e}{n\sin\lambda} + \frac{2h'e^2\cos\lambda}{n^2\sin^2\lambda},$$

$$\varphi = nt + l - \frac{k'e\cos\lambda}{n\sin\lambda} + \frac{h'e^2(1+\cos^2\lambda)}{n^2\sin^2\lambda} \ldots;$$

sont les intégrales approchées des équations

$$Cdr + (B - A)pqdt = 0,$$
$$Bdq + (A - C)rpdt = 0,$$
$$Adp + (C - B)qrdt = 0,$$

qui représentent celles du mouvement de rotation de la terre lorsqu'on n'a pas égard aux forces perturbatrices ; il s'agit de les étendre aux équations du mouvement troublé, ne différant des premières que par les seconds membres $\mathrm{M}dt$, $\mathrm{M}'dt$, ..., moments des forces accélératrices suivant les axes principaux.

n, e, c, λ, g, l sont les paramètres destinés à varier, et l'on pose, pour abréger,

$$k = \frac{\mathrm{B}b}{\mathrm{C}} \cos n \cos a - \frac{\mathrm{A}a}{\mathrm{C}} \sin n \sin a,$$

$$k' = \frac{\mathrm{B}b}{\mathrm{C}} \sin n \cos a + \frac{\mathrm{A}a}{\mathrm{C}} \cos n \sin a,$$

$$h = \frac{1}{8\mathrm{C}^2} \left\{ \begin{aligned} &[\mathrm{B}(\mathrm{C} - \mathrm{A}) + \mathrm{A}(\mathrm{C} - \mathrm{B})][1 - \cos 2n \cos 2a] \\ &\quad - \mathrm{C}(\mathrm{B} - \mathrm{A})[\cos 2n - \cos 2a] + 2\mathrm{AB}\, ab \sin 2n \sin 2a \end{aligned} \right\}.$$

$$h' = \frac{1}{8\mathrm{C}^2} \left\{ \begin{aligned} &[\mathrm{B}(\mathrm{C} - \mathrm{A}) + \mathrm{A}(\mathrm{C} - \mathrm{B})] \sin 2n \cos 2a + \mathrm{C}(\mathrm{B} - \mathrm{A}) \sin 2n \\ &\quad + 2\mathrm{AB}\, ab \cos 2n \sin 2a \end{aligned} \right\}.$$

et sous le signe trigonométrique seulement,

$$n - nt + l, \qquad a - ab(nt + c),$$

en coefficient,

$$a = \sqrt{\frac{\mathrm{C} - \mathrm{B}}{\mathrm{A}}}, \quad b = \sqrt{\frac{\mathrm{C} - \mathrm{A}}{\mathrm{B}}}.$$

Il s'agit d'abord d'exprimer en paramètres

$$\sum \Delta \varphi \delta \frac{d\mathrm{T}}{d\varphi'} - \sum \delta \varphi \Delta \frac{d\mathrm{T}}{d\varphi'}.$$

La force vive $\mathrm{T} = \frac{1}{2}\mathrm{A}p^2 + \frac{1}{2}\mathrm{B}q^2 + \frac{1}{2}\mathrm{C}r^2$, au moyen des valeurs

$$p = \psi' \sin \theta \sin \varphi - \theta' \cos \varphi,$$

$$q = \psi' \sin \theta \cos \varphi + \theta' \sin \varphi,$$

$$r = \varphi' - \psi \cos \theta,$$

et des intégrales, donne

$$\frac{d\mathrm{T}}{d\varphi'} = \mathrm{C}n - \frac{(2\mathrm{C} - \mathrm{A} - \mathrm{B})c^2}{4n} - \frac{(\mathrm{B} - \mathrm{A})}{4n} c^2 \cos 2a,$$

$$\frac{d\mathrm{T}}{d\theta'} = -\mathrm{C}e\, k' + \frac{2\mathrm{C}h'\, c^2 \cos \lambda}{n \sin \lambda}.$$

$$\frac{d\mathrm{T}}{d\psi'} = -\mathrm{C}n \cos \lambda + \frac{(\mathrm{C} - \mathrm{A})(\mathrm{C} - \mathrm{B})c^2 \cos \lambda}{2\mathrm{C}}.$$

Ces expressions, différentiées par δ et multipliées respectivement par $\Delta\varphi,\ldots$, donnent la première partie de l'expression cherchée, et en changeant les signes et l'ordre des caractéristiques δ, Δ, on a la seconde : il ne reste plus alors qu'à égaler les coefficients des mêmes variations Δ des deux membres, et opérer les réductions pour retrouver les expressions générales des variations des éléments, auxquelles Poisson (*Mémoires de l'Académie des Sciences,* tome VII) arrive par l'emploi des formules de Lagrange.

Pour suivre la méthode conseillée par M. Binet, il faudrait effectuer directement les multiplications des valeurs de $\dfrac{d\mathrm{T}}{d\varphi'}$, $\Delta\varphi$, $\ldots$, en paramètres, prendre la variation du produit total et changer l'ordre des caractéristiques.

Comme prompte vérification de la marche que j'indique, on peut arriver facilement à quelques-unes des formules qu'on a en vue, en n'ayant égard qu'aux termes qui s'y rapportent ; celles, par exemple, relatives aux coefficients Δg, $\Delta\lambda$, résultent du calcul suivant :

$$\Delta\theta \;=\; \Delta\lambda,$$

$$\Delta\psi \;=\; \Delta g - \frac{k'}{n\sin\lambda}\Delta e - \frac{e}{n\sin\lambda}\Delta k' + \frac{k'e}{n^2\sin\lambda}\Delta n + \frac{k'e\cos\lambda}{n\sin^2\lambda}\Delta\lambda + \frac{4k'e\cos\lambda}{n^2\sin^2\lambda}\Delta e,$$

$$\Delta\varphi \;=\; \frac{k'e}{n}\Delta\lambda + \frac{k'e\cos^2\lambda}{n^2\sin^2\lambda}\Delta\lambda,$$

$$\delta\frac{d\mathrm{T}}{d\varphi'} =\; \mathrm{C}\delta n - \frac{(2\mathrm{C}-\mathrm{A}-\mathrm{B})}{2n}e\,\delta e - \frac{(\mathrm{B}-\mathrm{A})\cos 2a}{2n}e\,\delta e,$$

$$\delta\frac{d\mathrm{T}}{d\psi'} =\; \mathrm{C}n\sin\lambda\,\delta\lambda - \mathrm{C}\cos\lambda\,\delta n + \frac{(\mathrm{C}-\mathrm{A})(\mathrm{C}-\mathrm{B})\cos\lambda}{\mathrm{C}}e\,\delta e,$$

$$\delta\frac{d\mathrm{T}}{d\theta'} =-\mathrm{C}k'\delta e - \mathrm{C}e\,\delta k' + \frac{4\mathrm{C}k'e\cos\lambda}{n\sin\lambda}\delta e.$$

Effectuant les produits, puis changeant les signes, l'ordre des caractéristiques, et ajoutant, il vient, pour les coefficients de $\Delta\lambda$, Δg,

$$\Delta\lambda \quad \left|
\begin{aligned}
&\frac{Ck'c}{n}\,\partial n \\[4pt]
&+\ \frac{Ck'c\cos^2\lambda}{n^2\sin^2\lambda}\,\partial n \\[4pt]
&-\ Ck'\partial c \\[4pt]
&-\ Cc\,\partial k' \\[4pt]
&+\ \frac{4Ch'c\cos\lambda}{n\sin\lambda}\,\partial c \\[4pt]
&-\ \frac{Ck'c\cos^2\lambda}{n^2\sin^2\lambda}\,\partial n \\[4pt]
&-\ Cn\sin\lambda\,\partial g \\[4pt]
&+\ Ck'\partial c \\[4pt]
&+\ Cc\,\partial k' \\[4pt]
&-\ \frac{Cck'}{n}\,\partial n \\[4pt]
&-\ \frac{4Ch'c\cos\lambda}{n\sin\lambda}\,\partial c\ ;
\end{aligned}
\right.
\qquad
\Delta g \quad \left|
\begin{aligned}
&Cn\sin\lambda\,\partial\lambda \\[10pt]
&-\ C\cos\lambda\,\partial n \\[10pt]
&+\ \frac{(C-A)(C-B)\cos\lambda}{C}\,c\,\partial c\ ;
\end{aligned}
\right.$$

d'où

$$\frac{d\Omega}{d\lambda} = -\,Cn\sin\lambda\,\frac{dg}{dt},$$

$$\frac{d\Omega}{dg} = \ Cn\sin\lambda\,\frac{d\lambda}{dt} - C\cos\lambda\,\frac{dn}{dt} + \frac{(C-A)(C-B)\cos\lambda}{C}\,c\,\frac{dc}{dt}$$

Ces deux formules sont exactement les mêmes que celles du Mémoire cité.

Vu et approuve,

Le 12 Novembre 1845.

Le Doyen de la Faculté des Sciences.

DUMAS.

Permis d'imprimer,

L'Inspecteur général des Etudes,

chargé de l'administration de l'Académie

de Paris,

ROUSSELLE.